国家电网公司
电力科技著作出版项目

智慧生活

"电"亮智能家居

北京电机工程学会　组编
和敬涵　主编

U0345004

中国电力出版社
CHINA ELECTRIC POWER PRESS

图书在版编目（CIP）数据

智慧生活"电"亮智能家居／和敬涵主编；北京电
机工程学会组编. —北京：中国电力出版社，2017.12
ISBN 978-7-5198-1615-5

Ⅰ.①智… Ⅱ.①和… ②北… Ⅲ.①住宅－智能化
建筑－电气设备 Ⅳ.① TU85

中国版本图书馆 CIP 数据核字（2017）第 325051 号

出版发行：中国电力出版社
地　　址：北京市东城区北京站西街 19 号（邮政编码 100005）
网　　址：http://www.cepp.sgcc.com.cn
责任编辑：石雪（010-63412557）　蔡序
责任校对：郝军燕
装帧设计：锋尚设计
责任印制：蔺义舟

印　　刷：北京瑞禾彩色印刷有限公司
版　　次：2017 年 12 月第一版
印　　次：2017 年 12 月北京第一次印刷
开　　本：710 毫米 ×980 毫米 16 开本
印　　张：5
字　　数：80 千字
定　　价：19.80 元

编委会

前 言

开卷有益，希望这本书能够为您提供帮助！

1882年，美国人E·理查德发明的电熨斗投入市场，家用电器时代拉开了帷幕。随着科技的不断发展，1984年，美国康涅狄格州哈特福德市（Hartford）对一栋旧的金融大厦进行改建，命名为"都市办公大楼"，标志着智能家居时代的到来。随着物联网浪潮汹涌而至，智能家居作为物联网的一部分，开始迎来快速发展时期。智能家居让人们"手指一动"便可以控制智能家电，享受舒适的起居环境、香喷喷的饭菜、干净的空间和精彩万千的视听盛宴，出门在外也可实时查看家里的情况，同时还有健康系统监测家人的健康……智能家居利用现代科学技术，使人们的生活更加舒适、便捷、安全和健康。

毋庸置疑，智能家居的飞速发展与"电"的关系密不可分。进入能源互联网时代，电力改革的不断推进和新能源应用技术的不断发展势必会给人民生活带来巨大改变。帮助大众了解和认识智能家居，利用智能家居提高生活水平，是我们编写这本书的初衷。

本书用通俗易懂的语言介绍了相关智能家居产品的特点、主要功能、购买及使用注意事项等，希望对读者在了解、选购和使用智能家居方面有所裨益。

　　书中不当之处，恳请广大读者批评指正，以期再版时更正。

编者

2017年10月

目 录

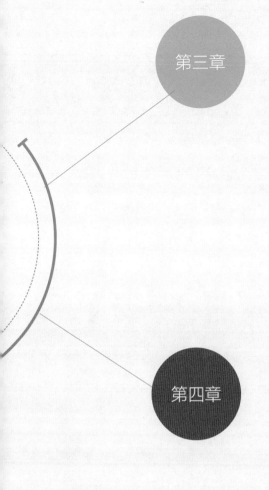

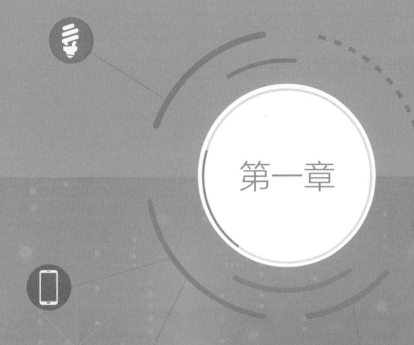

第一章

科技点亮
智慧生活

🤖 智能家居来了

你是否畅想过这样的美好场景：早上起床窗帘自动打开；出门后家中所有门窗及空调、电视等电器会自动关闭；在办公室可远程监控家中的情况；下班回家前，空调自动开启，回家后电灯自动打开，热水器已经备好热水让你消除一天的劳累；即使在外出差，也可随时控制家中的窗帘与所需开关的电器，还可以净化家中的空气……

如今，这些已不再是遥不可及的奢望。智能家居系统就可以帮我们实现远程控制、定时服务等功能，让我们的生活充满智慧，更加方便快捷。

你知道什么是智能家居系统吗？智能家居系统是充分结合现代科技的发展及智能手机等智能设备的广泛应用，以家庭为载体，以用电及其控制为主线，利用综合布线、物联网、云计算、移动互联网和大数据技术等先进的技术，结合自动控制技术，实现家庭设备智能控制、家庭环境感知、家人健康感知、家居安全感知以及信息交流、消费服务等家居生活有效结合的系统。因此，智能家居系统也叫智慧家庭，是智慧城市的最小单元。

小知识

物联网：综合采用计算机、网络、传感器、控制设备等，让能够独立寻址的相关物理对象互联互通，实现对其识别、监控和管理的智能化网络。

云计算：由位于网络上的一组服务器把其计算、存储、数据等资源以服务的形式提供给请求者，以完成信息处理任务的方法和过程。

小知识　　　　　　智能家居的起源和发展

* 20世纪80年代初，开始出现电子化的家用电器，随后出现住宅电子化。
* 1984年，美国哈特福德市出现第一栋智能化楼宇，可监测控制电梯、照明设备，提供语音通信、电子邮件和情报资料等信息服务，实现了综合管理信息化。
* 20世纪80年代中期，美国、欧洲等经济较发达国家和地区先后提出了"智能住宅"等概念，将家用电器、通信设备与安全防范设备各自独立的功能融为一体。
* 20世纪80年代末，出现了智能家居最初的模型，通过总线技术对各种通信、家电、安防设备进行监控与管理。
* 1999年，外商首次将"智能家居"的概念引进中国。
* 2001年，一些国内企业推出自己的智能家居概念产品。
* 2006年至今，出现智能家居体验馆，智能家居逐渐走入人们生活。

　　智能家居系统主要包括自动控制部分、智能家电部分、智能安防部分、健康监护部分等，这些部分各有分工，共同实现智能家居的各项功能。

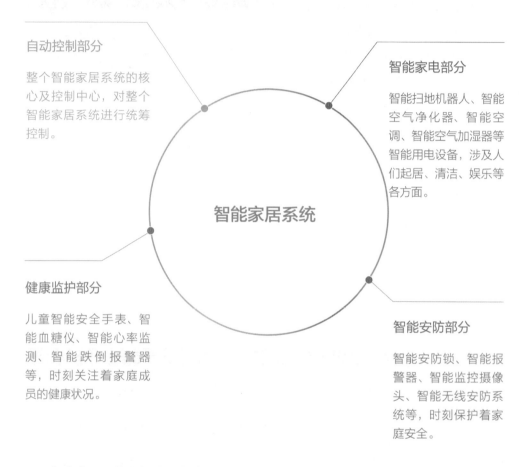

自动控制部分

整个智能家居系统的核心及控制中心，对整个智能家居系统进行统筹控制。

智能家电部分

智能扫地机器人、智能空气净化器、智能空调、智能空气加湿器等智能用电设备，涉及人们起居、清洁、娱乐等各方面。

健康监护部分

儿童智能安全手表、智能血糖仪、智能心率监测、智能跌倒报警器等，时刻关注着家庭成员的健康状况。

智能安防部分

智能安防锁、智能报警器、智能监控摄像头、智能无线安防系统等，时刻保护着家庭安全。

智能家居系统

　　智能家居系统能够为我们带来集安全、舒适、智能、节能、健康、时尚于一体的智慧生活，一个崭新的智能家居时代已经开启。

扫描二维码
体验鸿雁
智能家居

实现智能家居的基础

如果家里都是传统电器，可以实现智能家居的功能吗？

可以的。利用智能插座也可以实现智能控制功能，如远程控制、定时控制等。用户只需在手机或平板电脑等智能终端设备上操作，即可随意控制家中的智能插座，进而控制与智能插座相连的家用电器。

1 智能手机

作为人类通信史上的重大发明，手机的发展已经经历了几十个年头。智能手机的出现，是手机发展历程中的一个非常重要的里程碑。

智能手机具有独立的操作系统、独立的运行空间，用户可自行安装第三方服务商提供的应用软件，如游戏、导航等，对手机的功能进行扩充，并可以实现上网功能。

智能手机为我们的工作、生活带来极大的便利。

- 在工作方面，以手机办公软件为代表的第三方软件，使手机变成了移动的办公室，资料储存、调用和修改都可以依靠手机轻松完成，再不需要携带繁重的资料文件。

- 在娱乐方面，各种视频、音乐播放软件等将手机变成了移动的影音播放器，极大地丰富了我们的娱乐生活，使我们随时随地都可享受视听盛宴。

- 在社交方面，随着微信、微博等社交软件的兴起，人与人之间的交流更加便捷，交流成本也随之降低，使得世界"触手可及"。

- 在出行方面，手机App约车、共享单车及共享电动汽车的出现，使我们的出行方式有了更多选择，每人都可以来一场说走就走的出行。

- 在其他方面，手机缴费、网上购物等手机支付形式正在悄然改变着我们的购物习惯，同时，手机也成为我们运动的好帮手，可以随时随地分享自己的健康生活。

小知识

手机App是什么？

App（Application）指的是智能手机的第三方应用程序，即安装在智能手机上的客户端软件，通常用来扩展设备的功能。App可通过应用商店在线免费下载或购买使用。

2 移动互联网

　　智能家居的实现与网络密不可分，网络是实现智能家居各项功能的"桥梁"。

　　移动互联网将移动通信和互联网两者相结合，是互联网的技术、平台、商业模式和应用与移动通信技术结合并实践的活动的总称。移动互联网继承了移动随时、随地、随身和互联网分享、开放、互动的优势，是整合两者优势的"升级版本"。

移动互联网的发展历程

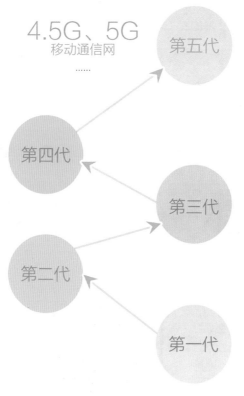

4.5G、5G
移动通信网
……

第五代

4G
移动通信网

具有信号稳定、干扰少等优势，且可实现视频类的高清化、高质化、长时化。

第四代

3G
蜂窝移动通信网

统一标准、高速上网和支持多媒体移动通信是 3G 移动通信与 2G 的主要区别。

第三代

2G
移动通信系统

克服了 1G 移动通信系统存在的诸如语音质量差、保密性差等不足，可提供数据通信服务，如发送短信或彩信等，并具备低速上网功能。

第二代

第一代

1G
移动通信系统

诞生于 20 世纪 70 年代的模拟蜂窝移动通信系统，可实现语音通话功能。

生活中，我们常听到蓝牙、4G、Wi-Fi这些名词，你知道它们分别代表什么意思吗？蓝牙是Bluetooth一词的直译，代表一种短距离无线通信技术。通过这种技术，可将电子装置彼此通过无线连接起来，实现固定设备、移动设备、楼宇个人局域网之间的短距离数据交换。4G，即第四代移动通信技术，具有超高传输速度，能够快速传输数据及高质量的音频、视频和图像等。我们现在普遍使用的通信网络就是4G网。Wi-Fi是Wireless Fidelity的缩写，是一种允许电子设备连接到一个无线局域网的技术，可以简单地理解为无线上网。它已被广泛应用在笔记本电脑、手机、平板电脑、

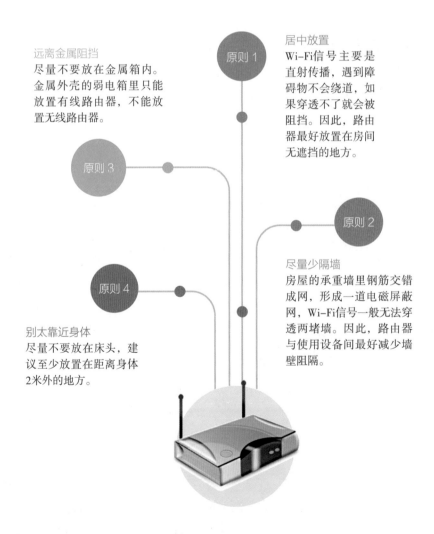

远离金属阻挡
尽量不要放在金属箱内。金属外壳的弱电箱里只能放置有线路由器，不能放置无线路由器。

原则 1

居中放置
Wi-Fi信号主要是直射传播，遇到障碍物不会绕道，如果穿透不了就会被阻挡。因此，路由器最好放置在房间无遮挡的地方。

原则 3

原则 2

尽量少隔墙
房屋的承重墙里钢筋交错成网，形成一道电磁屏蔽网，Wi-Fi信号一般无法穿透两堵墙。因此，路由器与使用设备间最好减少墙壁阻隔。

原则 4

别太靠近身体
尽量不要放在床头，建议至少放置在距离身体2米外的地方。

数码相机等移动终端上，是实现智能家居的基础。

那么，该如何更好地使用Wi-Fi呢？一是要有一台自带上网功能的智能手机或电脑；二是要有一个合理布局的无线路由器。

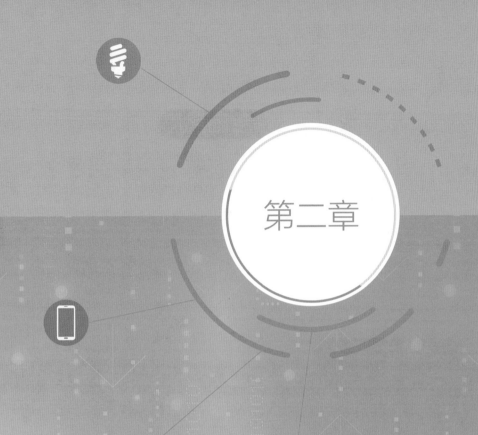

第二章

智能家居
舒适我们
的生活

智能空调

内置智能芯片与通信模块，具有远程控制、记忆用户使用习惯、记录产品用电情况、故障远程诊断及智能自主调温等功能。

智能电动窗帘

具有无线遥控器、手机远程控制、场景控制、定时控制与停电手拉等功能。

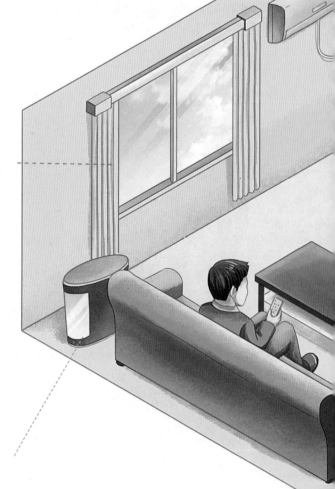

智能空气净化器

相较于传统空气净化器，智能空气净化器可自动检测空气质量并自行启动清洁模式，还可以使用手机通过网络或蓝牙实现远程控制功能。

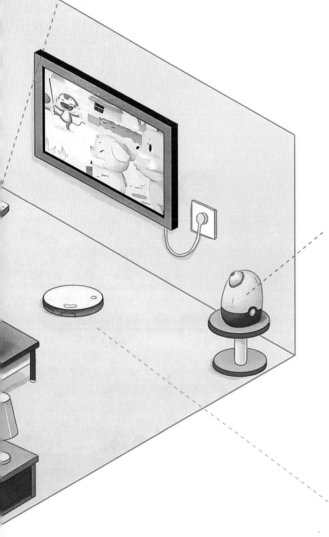

智能排插

具有漏电及过载保护、远程控制、延时定时及电量统计等功能，有些智能插座还具有独立开关及 USB 充电功能。

智能加湿器

液晶显示屏显示加湿器工作状态和房间当前湿度，控制面板设定湿度与时间。同时，通过手中的手机或其他移动终端可以在家中或户外观察加湿器的状态、房间湿度及定时打开加湿器。

智能扫地机器人

具有预约定时清洁、自动调节路线及清洁力度、防止跌落和碰撞等功能。

智能起居，自由掌控生活

1 智能插座

智能插座能够使非智能家电智能化，具有漏电及过载保护、远程控制、延时定时、电量统计、独立开关、USB充电等功能。

主要功能

 漏电及过载保护

当漏电电流大于安全电流值（一般为30毫安）时，开关就会自动关闭而断电，防止发生触电。

 远程控制

智能插座连接网络后，可随时利用手机App查看、控制家中电器状态。

 延时定时

自定义时间区段开关电器，还可以利用倒计时功能智能规划家中电器使用方式。

 电量统计

利用插座内含的计量模块实时获取每种电器的用电情况，随心制定节能计划。

 独立开关

通过插座独立按钮或手机App，可实现不同电器独立切断，使用方便，有效节能。

 USB 充电

USB充电接口可为手机、平板电脑、数码相机等设备充电，方便快捷，节约空间。

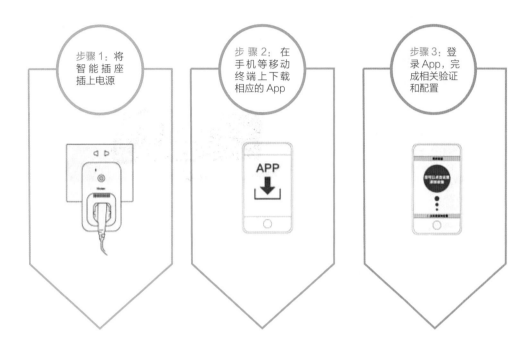

步骤1：将智能插座插上电源

步骤2：在手机等移动终端上下载相应的App

步骤3：登录App，完成相关验证和配置

APP

购买及使用须知

（1）购买时需注意智能插座所需App适合手机系统类型。

（2）使用时所接电器的功率总和不得超过插座的额定功率，大功率家用电器如电饭煲、热水器及电磁炉等建议使用墙插。

（3）使用时尽量使导线舒展开，不要捆扎导线，以免异常过热。

（4）插座应远离儿童，避免发生触电。

（5）插座尽量不要在潮湿的环境下使用，如果无法避免，应当采取隔离措施。

（6）插座内部进水，或粘有污物、尘土，应清理后再使用。

（7）禁止湿手触碰插座。

2 智能电热水器

智能电热水器利用现代智能控制及无线通信等技术，具有无线远程控制、预约定时、分人洗浴等功能，更加安全、高效及节能。按照使用方式不同，电热水器可分为储水式和即热式两种。

储水式热水器的热水量较大，可用于淋浴、盆浴、洗衣及洗菜等；但其体积较大，需要提前预热。

即热式热水器即热即开，不需预热，省时省电；但其功率较大，对线路要求高。

小知识

什么是半胆速热、全胆速热、增容/变容？

简单来讲，整胆速热是加热整个内胆的水，半胆速热是加热上半胆的水。电热水器具备上下两个加热管，按照热水比冷水密度低的原理，热水上浮，冷水下降，半胆速热的模式下只启动上方加热体加热上层水；整胆速热的模式下则启动两个加热体进行全胆加热，短时间产生大量热水。

增容/变容指热水器通过电脑程序控制，上下两个加热体交替加热，达到快速加热的效果。

主要功能

📶 **远程遥控**　内置Wi-Fi模块，用户可以通过手机App完成远程控制开关、设置水温、预约定时及查看当前水温水量等功能。

👪 **智能分人洗浴**　用户可以根据需求设置洗浴人数，在容量满足的情况下，智能电热水器会自动根据当前水温和选择的洗浴人数进行快速加热，提供所需要的热水量。

♨ 中温保温　避免因保温温度过高造成的热量流失，又避免了因温度过低而延长加热时间。

⏰ 定时预约　用户可以通过功能面板或手机App设置洗浴时间，智能电热水器自动计算加热时间，预约时间到达后即可进行洗浴。

购买及
使用须知

（1）用户购买时应根据家中线路情况和人数多少选择合适功率和容量的电热水器。

容量	使用需求
15 升以下	厨房或洗漱用水
40~50 升	1 人
50~60 升	2 人
80~100 升	3 人
120 升以上	≥ 3 人
150 升以上	浴缸浸浴

（2）用户在选购电热水器时还应关心其内胆钢板的材质是否为含钛合金、厚度是否足够厚。同时，防止电热水器因外部停水造成电棒干烧。

（3）电热水器内胆充满水之前，切勿接通电源，以免损坏机器。在热水够用的情况下，尽量调低设定温度（例如50升电热水器可供两人洗浴，建议夏季设定温度为40~45℃，冬季设定温度为60~65℃，人数较多时可适当提高温度），以便减少热损耗、高温腐蚀和结垢，延长热水器使用寿命。

3 智能灯

　　智能灯是一种采用LED（Light Emitting Diode）作为光源，且具有无线远程遥控、灯光亮度与色温调节、定时开关等功能的灯具。有些智能灯还具有状态记忆、自动调节及动态感知功能。

　　LED又叫发光二极管，是一种固态的半导体器件，可以直接把电转化为光，具有体积小、耗电低、寿命长、无毒环保等优点。

主要功能

　　智能记忆　一键启用设定记忆模式，按照对光线、色温的爱好习惯调节灯光的亮度。

　　遥控设定　采用遥控器或者App远程控制开启或关闭灯具，或调节灯光的色彩明暗，制造不同的环境氛围。

　　自动感知　通过红外传感器及声音传感器探测是否有人进入照明范围内，自动打开灯光，让用户进入家门即刻享受温暖灯光，不再为摸黑找开关而烦恼。

4 智能窗帘

　　智能窗帘采用隔音减噪设计，噪声小于35分贝。用户可通过手机App控制窗帘的开合，非常方便；还可根据不同需求进行场景设置，轻松打造舒心的家居环境。有些智能窗帘还具有红外及声音感知功能，当用户进入房间，窗帘自动打开。

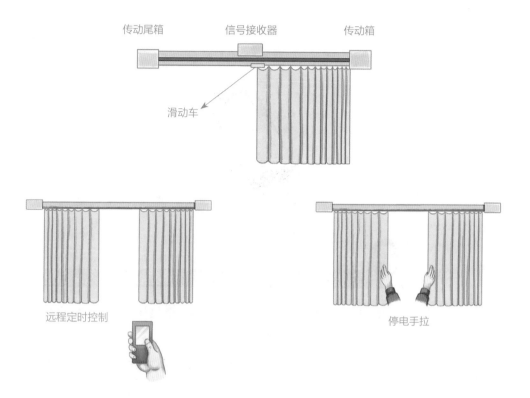

传动尾箱　　　　　信号接收器　　　　传动箱

滑动车

远程定时控制

停电手拉

购买及
使用须知

（1）测量窗帘宽度时，应测量窗帘盒内壁的尺寸或墙到墙的尺寸，考虑到测量误差及安装方便，在此基础上建议留出一定裕度。

（2）购买时需要注意智能窗帘电动机的静音效果、动力水平（功率或拖动重量）及窗帘的遮光度。

（3）使用时切忌用力拉扯、频繁开关窗帘，以免损坏窗帘及电动机。

（4）智能窗帘结构较为复杂，如需改装或维修，应联系产品售后服务人员。

5　智能空调

智能空调具有手机App远程控制、记忆用户使用习惯、记录产品用电情况、故障远程诊断及智能自主调温等功能，甚至在考虑用户使用习惯和当地天气情况后，可通过云端优化用电方案。部分智能空调还具有去除甲醛等有害物质的功能。

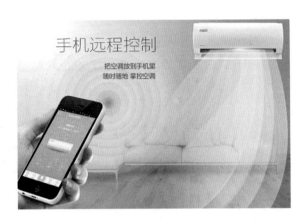

小知识

定频空调与变频空调有什么区别?

定频空调:"定频"是指压缩机转速恒定不变，因此定频空调的制冷量大小也是始终不变的，只能依靠不断地"开、停"来调整室内温度，其一开一停之间容易造成室温忽冷忽热，并消耗较多电能。

变频空调:"变频"是指压缩机转速可调节，变频空调运用变频控制技术来控制压缩机转速的快慢，使居室在短时间内迅速达到所需要的温度，并在低转速、低能耗状态下保持较小的温差波动，因此具有快速、节能和舒适控温的特点。但变频空调节电的前提是每次开机时间足够长，一般超过5小时才能充分体现出其节电的优势。

主要功能

远程遥控　利用手机App远程控制，随时随地实现开关机、调控温度、净化空气等。

自主调温　根据天气变化，利用智能适应技术将室内主动调整到人体感知最舒适的温度。另外，可根据老人、小孩、男士、女士不同人群设置不同睡眠曲线，还可DIY个性化睡眠曲线，避免长时间固定温度对身体造成的伤害。

智能提醒 智能检测空调使用情况，及时向手机端发送过滤网清洗提醒、季节保养提醒；提供实时能耗查询，主人离开空调距离过大时，通过手机提醒关机节电；随时监测室内外环境，为用户出行提供方便。

 自助故障报修 基于云端的智能分析，及时发现空调的运行故障，让工程师有备而来，主动服务。

购买及使用须知

（1）应根据房间面积和使用情况，选择相应功率的空调。

空调功率选择	
房间面积	空调功率
10 米² 以内	1 匹以下
10~18 米²	1~1.5 匹
18~25 米²	1.5~ 小 2 匹
25~35 米²	小 2~2.5 匹
35~45 米²	2.5~3 匹
45 米² 以上	3 匹以上

（2）有孩子的家庭，购买时应注意，空调运行时噪声不宜超过50分贝。当房间隔音效果较差时，还应考虑压缩机噪声的影响。

声音分贝大小	
树叶微动	10 分贝
轻声交谈	20~30 分贝
正常说话	40~50 分贝
大声呼喊	70~80 分贝
汽车喇叭	90 分贝
载重汽车	100~110 分贝
飞机发动机	120~130 分贝

6 智能空气加湿器

空气加湿器是一种增加房间湿度的家用电器。智能空气加湿器一般具有液晶显示、湿度检测和设定、定时设定、缺水自动保护及手机或其他移动终端App控制等功能。

智能空气加湿器的液晶显示屏可以清楚地显示加湿器工作状态和房间当前湿度，用户通过控制面板可以设定湿度与时间。同时，用户通过手机或其他移动终端可以在家中或户外观察加湿器的状态、房间湿度及定时打开加湿器。缺水自动保护也让用户不必再为加湿器干烧引起火灾而担心。

> **购买及使用须知**
>
> （1）应根据房屋面积选择合适的加湿器，比如20米²的房间适宜使用加湿量为270毫升/小时以上的加湿器，40~50米²的房间则应选择加湿量为540毫升/小时的加湿器。
>
> （2）有孕妇、老人或儿童的家庭，建议购买纯净型智能加湿器。它不但能够去除水中的钙镁离子，彻底解决白粉现象的产生，而且其过滤蒸发系统还可以起到净化室内空气、消毒杀菌的作用。
>
> （3）加湿器应摆放在房间里空气流通性较好的地方，不要紧靠墙和电视，摆放高度最好在1米左右。
>
> （4）推荐使用纯净水或凉开水作为水源，尽量不要直接使用自来水或不干净的水；不宜添加精油、花露水、食醋等材料。
>
> （5）加湿器应每天换水，最好每周清洗一次，以防止水中的微生物散布到空气中。
>
> （6）清洗加湿器时，应首先拔掉电源，以免触电；其次清洗水箱，将剩余水倒掉，加入清水与清洁剂，摇晃片刻并倒掉再加入清水冲洗；最后清洗底座，向底座水槽中加入少量清水和清洁剂，溶解浸泡一段时间后，再用清水清洗干净。切记不要使出风口进水。如果出风口进水，应彻底晾干后再使用。

7 智能洗衣机

与传统的洗衣机相比，智能洗衣机的功能更加细化，除具有预约功能外，还可实现自动设置水温、自动添加适当用量的洗衣液、自动判断衣物面料并选择适合的洗涤模式，尽可能减小衣物损伤。很多智能洗衣机可以通过网络与手机互联，实现远程选择洗涤模式、控制洗衣机的启停等。

主要功能

👑 **洗涤模式**　智能洗衣机会根据衣物面料自动设置洗涤力度、时间和温度，提高衣服洁净率，减少洗损率；用户也可以根据需要自定义洗涤时间和温度。

🧹 **洗涤流程智能可控**　智能洗衣机可以识别污渍种类和面积，自动添加洗涤液和柔顺剂，并自动称重选择洗涤配比量。很多智能洗衣机还具有高温杀菌、洗烘一体化等功能，适合南方梅雨季节时候使用。

📶 **远程控制**　通过手机端实现机身操控的所有功能。手机还可以同步显示洗衣进程，让用户实时了解洗衣状态，如果程序出现突发状况，会在手机中实时向用户反馈，使问题得到及时解决。

购买及使用须知

（1）购买时，应根据自己及家人的生活习惯选择合适洗涤容量的洗衣机。

（2）需要注意洗衣机的排水类型，根据家中下水道布线情况，相应选择上排水或下排水。

8 智能空气净化器

空气净化器是指能够吸附、分解或转化各种空气污染物（一般包括悬浮颗粒、粉尘、花粉、甲醛等装修污染物、细菌、过敏原等），有效提高空气清洁度的产品。相较于传统空气净化器，智能空气净化器可自动检测空气质量，自行启动清洁模式，并且还可以使用手机通过网络或蓝牙实现远程控制功能。

主要
功能

🛜 **远程控制**　用户可以通过手机远程了解、控制净化器，随时掌握空气状态，随时随地开关机；获取耗材使用情况，及时更换滤芯确保净化效果。

🔍 **智能检测**　内置传感器可实时监控及获取室内$PM_{2.5}$、异味、甲醛等污染情况，自动开启并调节净化模式，计算并显示空气健康指数。

🍃 **多种净化模式**　可根据工作或生活场景，随心设置不同的净化模式，如睡眠模式、自动模式、极速模式等。无论身在何处，一样轻松掌握室内外的好空气。

⏰ **预约定时**　自动检测屋内空气质量，显示净化时间并按时完成。

购买及使用须知

（1）为确保净化效果，购买时应尽量选择采用多重净化技术的空气净化器。

（2）不同功率的空气净化器适用面积不同，如果房间较大，应选择单位时间净化风量较大的空气净化器。比如说，25米^{2}的房间适宜用额定风量200米^3/小时的净化器，50米^{2}左右的房间应选择额定风量400米^3/小时的净化器。

（3）使用时，人体最好离空气净化器出风口0.3米以上，避免直接接触；最好放置在房屋中间，不要靠墙壁或家具摆放，以保证净化效果。

（4）开启空气净化器时应紧关门窗，营造一个密闭的空间以达到最佳净化效果。

（5）避免在水源或挥发性易燃物品附近使用空气净化器，以防发生意外。

（6）每隔1~2周应清洁除尘滤网的表面；使用一定时间后应及时拆洗、更换滤网，以保证清洁效果。

（7）空气净化器长时间开启除甲醛功能后，尽量不要在有人的房间里开启，可以在人离开后使用机器的定时开关功能。

9 智能扫地机器人

你是否听说过智能机器人？AlphaGo战胜了世界围棋冠军，Master以60连胜横扫围棋界，"小度"战胜了人脸识别领域的"最强大脑"……种种这些逆天人脑与尖端科技的激烈对决都在提醒我们，人工智能时代已经来临，智能机器人必将在我们的生活中扮演越来越重要的角色。

智能扫地机器人就是智能机器人的一种，它会对房间大小、家具摆放、地面清洁度等因素进行检测，并依靠内置的程序，制定合理的清洁路线，完成清扫、吸尘、擦地等地面清理工作，是家居清洁的好帮手。

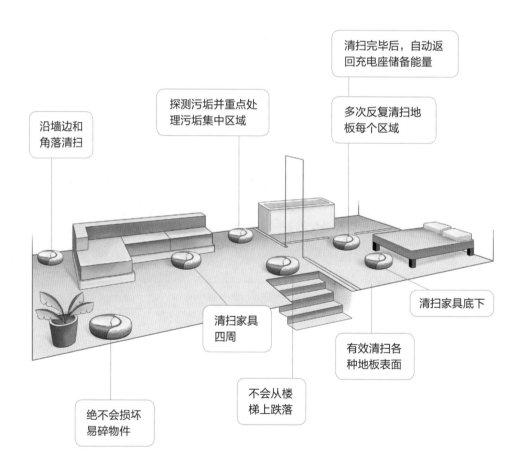

主要功能

⏰ **预约清扫** 可自主设定智能扫地机器人的工作时间，当你外出购物、散步、出差时，它也会在设定时间出来工作，从不偷懒。当你回家时，便可享受赤脚行走的轻松感。

📍 **智能规划路线** 根据房间大小以及灰尘情况自动规划清扫路线，即使家中无人看管，也无需担心它会迷路，或出现被卡住的窘况。

🧹 **多种清扫模式** 自动清扫模式可以在房间内自动清扫地面；延边清扫模式可以接近边角清扫；定点清扫模式可以重点清扫脏污地带。

🔋 **自动充电** 在清扫任务完成后或工作电量剩余一定量（如20%）时，智能扫地机器人会自动回到充电座充电。

☀ **杀菌功能** 配备冷阴极紫外线杀菌灯，可以有效杀灭地板上的细菌，同时可以高效吸尘除螨。

🛡 **防止跌落、碰撞与缠绕** 装有踩空传感器，可以防止从高处掉落；当自动识别到前方的家具或者障碍物时，会自动减速，避开物体或缓碰家具以避免碰坏家具；当边刷被一些物体（如地毯、流苏或线缆等）缠住时，将停止旋转并反向旋转以摆脱缠绕。

购买及使用须知

（1）购买时，用户需要注意智能扫地机器人是否具有安全充电技术；注意噪声问题，看其是否采用了超低音设计或者安装消音器等；注意扫头的灵活性，看扫头是否可以360°旋转并延长；还需要注意智能扫地机器人的清洁能力，通常内部的旋转滚刷达到每分钟5000转左右时才能够有效清扫灰尘和碎屑。

（2）如长时间不使用智能扫地机器人，需要保养电池。电池要充满并放置在干燥地方。

智能炒菜锅

实现自动炒、煎、烹、炸等各种烹饪方式，同时还有菜谱记忆和共享功能。

智能电饭煲

通过电脑芯片程序控制，实时监测温度以灵活调节火力大小，自动完成煮食过程。

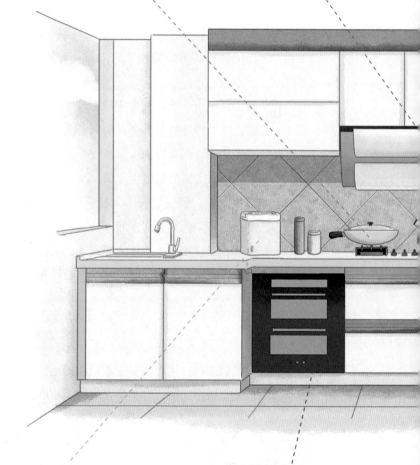

智能面包机

具有智能预约、智能撒料、自动保温、断电记忆、多种美食制作（如馒头、果酱、年糕、酸奶、米酒等）等功能。

智能洗碗机

具有随时预约、自动分配洗涤剂、自动清洗烘干手机远程遥控等功能。

智能微波炉

通过微波炉搭载的智能平台，实现语音提醒、
语音控制及辨别、手机控制、提供智能菜单、
杀菌除味和有害物质警告等功能。

智能冰箱

可自动进行模式调换，始终让食物保持最
佳存储状态；干湿分储，为食物提供合适
的储存温度，为用户提供健康食谱和营养
禁忌，提醒用户定时补充食品；用户可以
通过手机或电脑随时随地了解冰箱里食物
的数量、保鲜保质等信息。

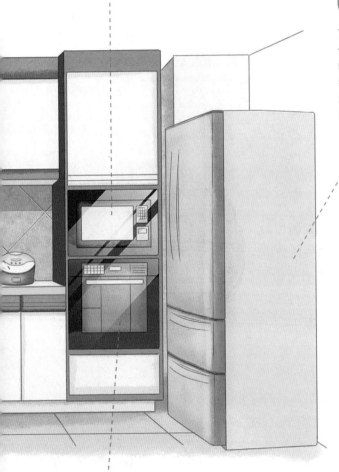

智能电烤箱

具有云食谱下载、远程遥控、
精准控温、多种烘焙模式、立
体热风循环等功能。

智能厨房，美食邂逅科技

对于民以食为天的中国人来说，厨房是家的重心。智能厨房让你告别油烟与汗水，轻松享受美食。智能冰箱为你储存新鲜食材；智能电饭煲、智能微波炉、智能电烤箱与智能面包机让你手指一动便可享受香喷喷的饭菜；饭后，你可以躺在沙发上观看喜欢的电视节目，而碗筷交给智能洗碗机来处理……这就是智能厨房，当美食邂逅科技，你的生活将变得更加有滋有味。

1 智能电饭煲

智能电饭煲通过电脑芯片程序控制加热器件的温度，并实时监测温度以灵活调节火力大小，自动完成煮食过程，具有预约定时、多种功能、选择口感、远程控制等特点，是现代生活中新潮的厨房家电产品。

主要功能

⏰ **预约和定时**　通过面板按键可控制蒸煮时间。有远程控制功能的还可以用手机实现随意轻松遥控，享受触手可及的烹饪乐趣。

☺ **自选功能和口感**　智能电饭煲具有米饭、煲汤、煮粥、炖品、蛋糕、酸奶等多种功能，用户只需轻点功能键即可做出适合自己的美味佳肴。除此之外，智能电饭煲还设置了标准、偏软、偏硬等多种口感，满足家人的不同需求。

☁ **云菜谱**　用手机可下载、上传无限款美味菜单，无论是美食发烧友、星级厨师还是烹饪新手，都可以使用云菜谱与所有用户进行分享互动，发掘更多美味。

（1）可以选择不锈钢或黑晶、陶晶等新型材质的内胆，避免内胆的不粘涂层经长期使用后脱落并掺杂到食物里，有害人体健康。

（2）不宜用电饭煲煮酸、碱类食物，使用完毕需要退出保温模式，内锅底部应避免碰撞变形。

（3）清洗时，如果是有不粘涂层的内胆，不可使用清洁球划擦。电饭煲的发热盘与外壳切忌浸水，只能在断电后，用潮湿的抹布擦洗，并且必须擦干内锅外表面的水，发热盘与内锅间必须保持清洁。

2 智能电炒锅

智能电炒锅具备专业的烹饪程序模拟技术，将准备好的主料、配料等全部一次性投入并设定程序后，无需人工看管即可实现自动热油、自动翻炒、自动控制火候。从此，家庭烹饪不再是令人头疼的麻烦事，而成为娱乐过程中顺带完成的举手之劳。

主要
功能

无烟烹饪 所有食材在锅中实现自动翻炒，烹饪料理时可远离油烟。

智能控温 智能微电脑实现精确控温，防溢出、防焦糊，还可以节能省电。

无人看管 将食材一次性投入，根据需要选定炒、煎、烹、炸、爆、焖、蒸、煮、烙、炖、煲等不同烹饪方式，手指轻轻一按，无需人工看管，即可实现省心省力的"懒人菜肴"。

☁ **云菜谱**　与智能电饭煲相似，很多智能电炒锅具有菜谱记忆功能，同时可以将本地菜谱上传至云端，与他人共享。

<table>
<tr>
<td>

购买及
使用须知

</td>
<td>

（1）打开锅盖时会有温度很高的蒸汽涌出，应注意避免烫伤。

（2）保持散热处的空气流通，以保证良好的散热效果。

（3）清洗完毕后应将智能炒菜锅的外表擦拭干净，以备下次使用。

</td>
</tr>
</table>

3 智能冰箱

　　智能冰箱就是能够进行智能化控制、对食品进行智能化管理的冰箱。与传统的冰箱相比，智能冰箱实现了对冰箱内各种食物的主动管理，更加人性化。

主要
功能

⚠ **自动提醒**　智能冰箱上的LCD屏幕可以帮助主人了解冰箱内的食物数量、保鲜周期等，可自动提醒食物保质期时间。

🐟 **控温保鲜**　冰箱内部实现干湿分储、精致储鲜，各温区立体冷风循环送风，为食物提供合适的储存温度。

📖 **推荐食谱**　追踪冰箱内现有食材，为用户推荐食谱，食谱中缺少的食材，还可自动生成购物清单，提醒用户及时购买。分析冰箱内食材的营养含量，定期生成营养月服，推荐均衡的营养饮食菜单，为您的健康保驾护航。

📶 **远程控制**　可利用手机或其他移动终端对智能冰箱进行远程遥控、异地操作，如在线查询冰箱内食物信息、短信接收信息提醒等。

购买及
使用须知

应根据人口数量及家庭情况选择合适容积的冰箱。一般人均容积为60~70升，三口之家宜选择200升左右的冰箱。

小知识

您身边的"冰箱除臭剂"

柚子皮

柚子皮能自然散发出香味，且具有一定的除味功能。因此，吃剩下的柚子皮可以"变废为宝"，成为物美价廉的天然除臭剂。

柠檬片

干的柠檬片除味效果不理想，应选用新鲜的柠檬，切成两半，在冰箱内上下层各放一半，这样能起到很好的除味效果。

茶叶

用卫生纸将茶叶包住，制成茶叶包放在冰箱中，能起到很好的除味效果。

活性炭

活性炭具有很好的吸附作用，可去除冰箱中的异味。一旦潮湿，活性炭作用将会降低，因此每隔一段时间应将活性炭取出晾晒，变干后可重复使用。

4 智能微波炉

智能微波炉内置智能控制芯片, 具有智
能菜单、语音控制及辨别、智能识别、自动
预警等功能, 操作简便快捷, 符合现代简约
生活理念。

主要功能

🖐 **智能菜单**　用户可通过微波炉按键或者用手机App设定所需的食
物模式。

🗣 **语音控制及辨别**　可通过声音的控制来进行各种操作; 也可语音
提醒用户剩余时间和进程, 将信息发送到用户手机上。

🍴 **智能识别**　只需对食物外包装上的条形码进行扫描, 智能微波炉
就能自动识别该食材的类别、重量, 从而自动定制出烹饪的模
式、火力和时间。

⚠ **自动预警**　具有杀菌除味和有害物质警告功能。

购买及使用须知

　　(1)使用时, 盛放食物的容器需要用专门的微波炉器皿, 如玻
璃、陶瓷等材质的器皿, 忌使用金属器皿等。

　　(2)不宜加热油炸食品。

　　(3)微波炉忌置于卧室, 应单独使用带有接地线的插座, 最好
使用墙插。

5 智能面包机

　　智能面包机不仅具有自动和面、发酵、烘烤的传统功能，还具有智能预约、智能撒料、自动保温、断电记忆、多种美食制作等功能。智能、强大的各项功能使你轻松成为"面点大师"，早晨起床再也不用担心在慌乱中吃到烤糊的蛋糕或冰凉的面包。

面包制作

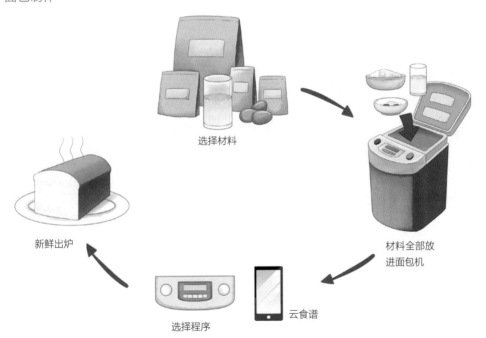

选择材料

材料全部放
进面包机

云食谱

选择程序

新鲜出炉

主要
功能

美味菜单 智能面包机设置了和面、甜点、披萨、蛋糕、果酱等多种模式，用户可根据需要一键选择，不断挑动你的味蕾。

智能投放 智能匹配环境温度，调整每种面包的酵母和果料等的投放时间，将"预约制作"变为可能。

动态温控调节 智能面包机配置内外双传感器，会自动检测加热温度和环境温度，智能调节制作过程，灵活调整时间和温度，保证随时随地做出"美味不打折"的面包。

远程预约 智能时间控制系统帮助用户提前约定制作时间，方便快捷；贴心的保温功能使得早晨吃上香喷喷的面包不再是梦想。

购买及
使用须知

（1）所有配料加入面包机时以室温为宜。

（2）每次使用完后都要清洁面包桶，用温水浸泡一段时间，即可轻松取出搅拌刀。

（3）面包机刚工作完时会比较烫，需要先冷却约半小时再清洗或者继续使用。

6 智能豆浆机

　　智能豆浆机具有超微静、智能营养芯、创新立体熬煮技术，只要将准备好的材料一次性投入并在显示屏上设定程序后，无须人工看管即可快速实现全自动制浆。

　　智能豆浆机具有预约定时功能，还可完成豆浆、米糊、果汁、奶昔等的快速制作，为每个家庭成员提供丰富又营养的食物。

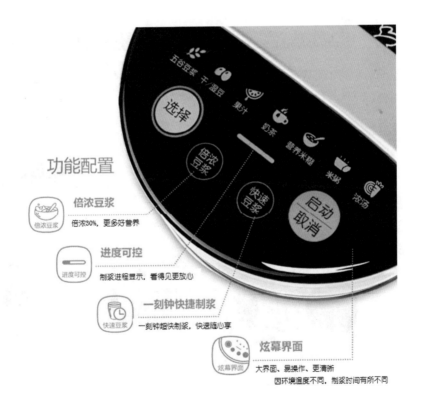

功能配置

五谷豆浆　干/湿豆　果汁　奶茶　营养米糊　米粥　浓汤

选择　倍浓豆浆　快速豆浆　启动取消

倍浓豆浆
倍浓豆浆　倍浓30%，更多好营养

进度可控
进度可控　制浆进程显示，看得见更放心

一刻钟快捷制浆
快速豆浆　一刻钟超快制浆，快速随心享

炫幕界面
炫幕界面　大界面、易操作、更清晰
因环境温度不同，制浆时间有所不同

使用须知

（1）豆浆机的杯体和电极、温度传感器要保持清洁，及时进行清洗。

（2）倒豆浆的时候应用手按住豆浆机的机头或是将机头取下再倒豆浆，以免机头滑落伤人。

小知识

办公桌上的智能饮品机——多功能胶囊咖啡机

多功能胶囊咖啡机（One cup）能够快速完成智能萃取，可以一键制作咖啡、奶茶、花式豆浆，具有单键操作、微信互联实现智能控制、静音制作等特点，特别是它小巧的身材可被随意安放，成为办公桌上的花样咖啡师。

一按　　一旋　　一按

7 智能面条机

与传统面条机相比，智能面条机取缔了人工揉面的环节，揉面、压面、出面一步到位，且可以按照用户需求制作不同种类的面条，操作简单、省时省力。

主要功能

快速制面、方便快捷：仿人工揉面器搅拌快速、均匀，面水充分混合，一次性完成，无须人工看守，省事省力。

多种模头、多种选择：可制作拉面、粗拉面、手擀面、烩面、龙须面、空心面等多种类型的苗条，满足用户的不同需求。

操作方法

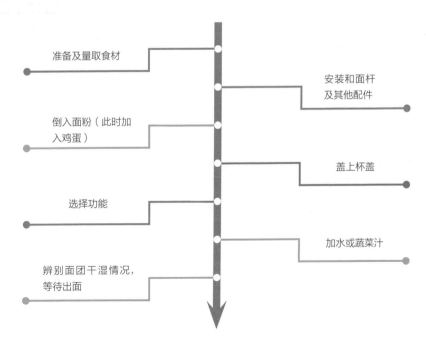

准备及量取食材

安装和面杆及其他配件

倒入面粉（此时加入鸡蛋）

盖上杯盖

选择功能

加水或蔬菜汁

辨别面团干湿情况，等待出面

注意事项

（1）使用前务必清理模头孔内面粉（异物），以防损坏机器。

（2）严禁向搅拌杯内加固体物，以防损坏机器。

（3）严禁将主体浸泡或冲淋在水或其他液体下，以防漏电或产品损坏。

（4）严禁使用钢丝绒、研磨性清洁剂或腐蚀性液体（例如汽油、丙酮）来清洁产品。

8 智能洗碗机

智能洗碗机是一款集随时预约、自动烘干、适用餐具种类多样、自动分配洗涤剂、手机远程遥控等多功能于一体的新型洗碗机。洗碗只需两步走：将餐具放入洗碗机中，按下启动键。无需人为监管，全自动运行，洗碗就是这么简单。

按照安装方式，智能洗碗机可分为：台式、独立式、嵌入式。台式洗碗机体积小巧，主要陈列于橱柜台面上；独立式洗碗机可根据厨房条件自由摆放，安装位置较灵活；嵌入式洗碗机主要嵌入橱柜内，使整体厨房更美观，但橱柜需预留开孔尺寸。

 主要功能

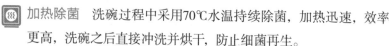

节能洗涤　通过判定餐具类型及预冲洗后水的脏污程度，自动选定最适合的洗涤程序，真正实现节能高效。

加热除菌　洗碗过程中采用70℃水温持续除菌，加热迅速，效率更高，洗碗之后直接冲洗并烘干，防止细菌再生。

自动过滤　自清洁过滤系统能够有效过滤掉各种食物残渣，在避免堵塞管道的同时更能防止污物和残渣对餐具进行二次污染；同时，高压冲刷、热水强力冲洗等功能，能够快速分解油脂，即使是抽油烟机中的油网的陈年油垢，也能轻松洗净。

远程操控　可通过移动终端智能选择洗涤程序，满足各种使用情景，App上还可以显示每次洗涤的耗水、耗电量，让洗涤情况一目了然。

小知识

智能洗碗机洗涤时间长，是不是费时、费水又费电？

智能洗碗机每一个程序要求不同，完成的时间也不同。基本洗涤程序中包含预洗、清洗、中间漂洗、最终漂洗和烘干几个步骤，洗涤过程中不需人为监管，用户可以任意去做自己想做的事情，因此相对还是节约时间的。在节水节电方面，智能洗碗机还有你意想不到的功效，下面以西门子一款洗碗机为例：

西门子洗碗机	手洗
一次用水 12 升	一次用水 109 升
放入餐具→等待完成→完成	第一次冲洗→打上洗洁精→抹布擦一遍→反复冲洗3、4遍→完成

洗一次省水97升，一天洗3次，一天省291升，一个月省水8730升，一年省水104760升！

餐具正确摆放示意

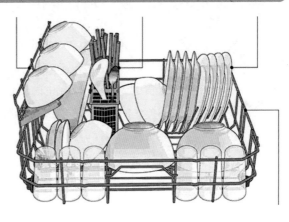

（1）通常根据功率大小来选择智能洗碗机，常见的有600、700、800、900、1000、1200瓦等，普通3~4口之家选择700~900瓦的洗碗机较为适宜。

（2）洗碗机应采用专用的洗涤剂清洗，如洗碗粉。专用洗涤剂的特点是低泡沫、高碱性，因此不能直接用手工洗涤，以免灼伤皮肤。有些洗碗机不需添加清洗剂，即可完成清洗和除菌的功能，更加健康环保。

（3）洗碗前不用将碗里的残渣清理干净，洗碗机中有隔离残渣的网，用户只需要清理隔网处的残渣即可。

9 智能电烤箱

智能电烤箱具有云食谱、远程遥控、精准控温、多种烘焙模式、立体热风循环等高端功能。

🛜 **远程遥控**　不用守、不用等，手机调控时间和温度，烘焙进程随时知晓。

☁ **云食谱**　将手机App中的云食谱上传至烤箱，烤箱将按照食谱的温度、时间、烘烤模式等参数进行智能设定、自动烘焙，方便快捷，犹如烹饪大师亲自指导。

🌡 **智能感温**　感温器能够实时感知炉内温度，实现智能控温，再也不用为烤焦的食物烦恼。同时，可实现低温发酵、低温烘干、中温烘焙、高温烘烤等多种功能，创意烘焙随心选。

低温发酵
酸奶 发酵 米酒

低温烘干
干果制作

低温区

中温烘焙
脆皮蛋糕 披萨

中温烘焙
蛋糕 糕点

中温区

高温烘焙
肉类 烧烤

高温区

购买及
使用须知

（1）取放烤盘时一定要用柄叉或使用专用手套，勿使手触碰加热器或炉腔内其他部分，以免烫伤。

（2）每次使用完毕，应及时清洁烤箱，烤盘、烤网可以用水洗涤，但炉门及炉腔、外壳切忌用水洗，要用干布擦拭。

（3）普通的塑料容器一般不可以放在电烤箱里进行加热。

10 智能净水机

　　智能净水器除了拥有能改善水的味道、气味、清澈度及去除水中余氯等普通净水器的基本功能外，其配备的高密度滤芯、紫外光灯和智能监测系统可以通过程序的设置，智能判断净水器的使用情况，实现自动排污、智能识别净水器滤芯剩余使用时间等功能，并适时智能提醒更换滤芯等，是您健康的"智能管家"。

主要
功能

即开即滤　传统净水器使用储水罐储存净化后的纯水，长期使用时因无法清洗，易滋生细菌，对水造成二次污染。智能净水机通过改进反渗透膜及增压泵提高流速，净化速度高，无需存水，杜绝了储水罐污染净水的问题。

智能TDS检测　能够检测进水和出水的TDS（溶解性固体物质）值，通过手机App即可实时查看自来水和纯净水的质量状况，放心饮水。当净水机发生漏水、高温、低温、水质异常等情况时，净水机立刻报警提示。

购买及
使用须知

智能净水机主要分为两种放置方式：厨下式和厨上式。可以按照合适的放置方式进行购买。

厨下式　隐藏安装在厨房水槽下方的橱柜中，安装独立的纯水龙头，无水管、电线外露。

厨上式　将净水机台面安装或壁挂安装，接通连接电源，将原有自来水龙头连接到触控龙头，点击触控龙头即可切换净水机输出纯净水或输出原有自来水。

VR 眼镜

观看 VR 视频，畅玩 VR 游戏，感受真实的
虚拟世界。

智能音箱

用户通过无线网络和智能终端即可在家中任意房间随心享受海量音乐。

电视盒子

将互联网内容投射在电视上进行播放，传统电视摇身变为"智能电视"。

🤖 智能娱乐，畅享多彩生活

　　现代社会生活节奏很快，日益增加的工作压力使人们的生活内容越来越程式化。娱乐活动可以让人放松身心，增进家人间的感情交流，让亲情在娱乐中升温。智能音箱、VR眼镜和电视盒子为家人带来视听盛宴；智能背包可满足户外活动爱好者的一切需求。智能娱乐，让你畅享多彩生活。

1　智能音箱

　　智能音箱是一套无线音乐系统，它将音乐和网络技术完美融合，从根本上"颠覆"了传统音箱的操作模式，用户通过无线网络和智能终端一键点击即可在家中任意房间随心享受海量音乐。智能音箱还具有智能存储、智能语音点歌等功能，甚至一些智能音箱还可以通过发出语音指令实现开灯调光、窗帘开启和关闭、开关空调等智能家电的功能。

> **购买及使用须知**
>
> 　　（1）购买时，要注意"三看"原则。看连接：一般来说，音箱所带的连接方式越多越好。除了要考虑HIFI（高保真）接口、蓝牙接口等，还要考虑音箱对各品牌手机的匹配和适用度。如果是一个音乐爱好者，智能音箱对扩展USB容量大小的支持也是需要考虑的一部分。看尺寸与电池：如果注重音质，可以考虑单元尺寸大一些的非便携音箱；如果注重便携性，可以选择内置电池的小尺寸音箱。看品质：音箱的品质最主要体现在音质上，选择适合自己"耳朵"的音质很重要。
>
> 　　（2）智能音箱不宜在浴室、洗手间等湿度较大的地方使用。应远离微波炉等电磁干扰较大的家电，还要避免阳光直射、灰尘与重压等。
>
> 　　（3）在摆放时，四周要留出足够的空间，以免影响播放效果。

2 VR眼镜

VR眼镜即虚拟现实头戴显示器设备，是将仿真技术、计算机图形学、人机接口技术、多媒体技术、传感技术、网络技术等多种技术集合的产品，是借助计算机及最新传感器技术创造的一种崭新的人机交互手段。通过佩戴VR眼镜，用户可以观看到震撼的VR视频及体验炫酷的VR游戏，让用户能感受到真实的虚拟世界。作为一个跨时代的产品，它的出现受到了广大智能电子产品爱好者的追捧。

外接式头戴设备	一体式头戴设备	移动端头显设备
用户体验较好，具备独立屏幕，产品结构复杂，技术含量较高，不过受着数据线的束缚，自己无法自由活动	产品偏少，也叫 VR 一体机，无需借助任何输入输出设备就可以在虚拟的世界里尽情感受 3D 立体感带来的视觉冲击	结构简单、价格低廉，只要放入手机即可观看，使用方便

小知识

VR 与 AR

AR（Augmented Reality）即增强现实，也被称为混合现实。它通过电脑技术，将虚拟的信息应用到真实世界，真实的环境和虚拟的物体实时叠加到了同一个画面或空间同时存在。AR是现实场景和虚拟场景的结合，AR本身就强调交互，在摄像头拍摄的画面基础上，用户可以在现实世界中与虚拟画面进行互动。

VR（Virtual Reality）即虚拟现实，强调的是沉浸式地进入虚拟世界中，目前对于交互来说比较有限。

简而言之，VR ="虚拟世界"，AR ="真实世界"＋数字化信息。

3 电视盒子

用电视上网看海量高清节目，玩网络游戏；把手机或平板电脑的照片、视频投射在电视上，实现多屏融合；通过回放功能看错过的精彩节目……如今，仅靠一个简单小巧的"电视盒子"，就能使传统电视摇身一变成为"智能电视"。

电视盒子是一个小型的计算终端设备，可将互联网内容投射在电视上进行播放。此前在互联网领域它被称为网络高清播放机，后被定义为互联网电视机顶盒。它与可接入互联网的智能电视一起，统称为"互联网电视"。

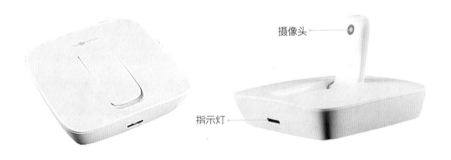

摄像头

指示灯

主要功能

用户可通过电视盒子连接网络，随时观看海量高清视频。有的电视盒子还拥有多个附加功能：配备多款热门游戏，让用户进入酣畅淋漓的游戏世界；下载相应App，将手机或电脑的内容投射在电视上，实现多屏互动。

购买及使用须知

（1）选购时，用户应选择开发能力较强的厂商，能够支持电视盒子操作系统的后续升级，延长使用时间，避免使用山寨产品。

（2）使用时，建议使用网线方式而非无线方式连接，这样可以避免卡顿，增强观看效果。

4 智能背包

现在，越来越多的旅行者加入了"背包客"的行列，智能背包的出现为便捷舒适的旅行提供了保障。智能背包集合了移动电源、Wi-Fi热点等于一体，堪称旅行用的完美背包。

随时随地充电
智能背包内置大容量锂电池，通过内部连接线与背包侧边的USB接口相连，可为手机等移动设备充电。

定位查找
部分背包还具有GPS追踪和蓝牙定位功能，用户使用手机App，即可随时定位背包的位置，避免丢失。

随心所欲上网
智能背包含有网线路由器、Wi-Fi热点、3G/4G路由功能，可支持多终端同时上网。有的智能背包还具有太阳能充电的功能，有阳光的地方可以持续工作续航，即使长时间在野外也不用担心。

第三章

智能安防
全家的
保护神

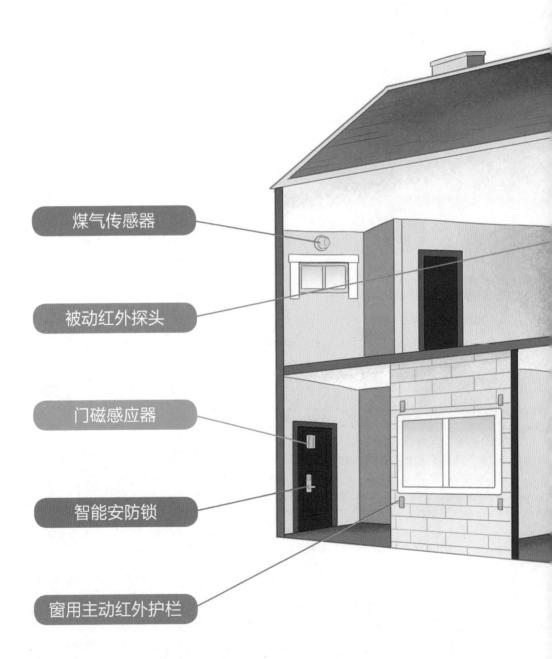

煤气传感器

被动红外探头

门磁感应器

智能安防锁

窗用主动红外护栏

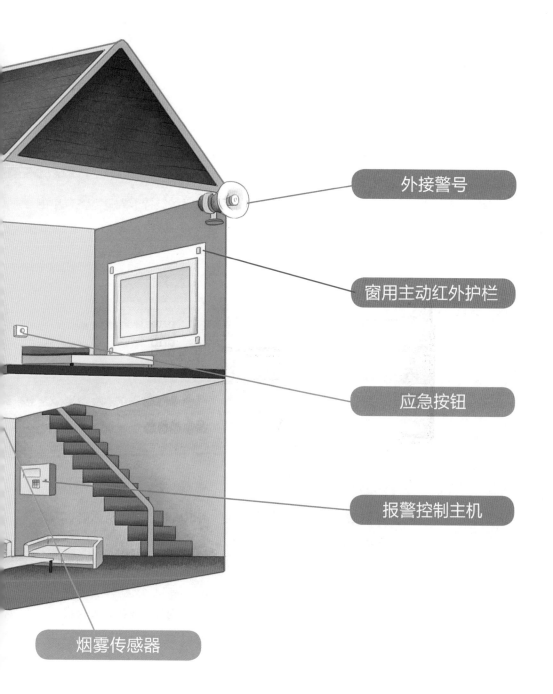

外接警号

窗用主动红外护栏

应急按钮

报警控制主机

烟雾传感器

1 智能安防锁

智能安防锁相对于传统安防锁而言，在用户识别、安全性级管理方面更加智能化，如指纹识别安防锁、刷卡识别锁等。

指纹识别智能锁一般用于家庭门锁，可通过指纹、钥匙、密码等多种方式开锁。用户可自行输入多个家人的指纹，并自定义解锁密码，同时也可使用备用的机械钥匙，在智能安防锁失电的情况下应急开锁。

刷卡识别安防锁一般用于企业、小区、宾馆等的门禁系统。持卡人只需将卡片在读卡器处轻轻一刷，电控锁会自动打开，允许持卡人进入。

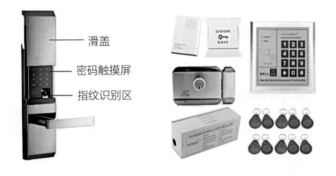

滑盖

密码触摸屏

指纹识别区

主要
功能

🔓 **接近自动唤醒** 到家距离门锁一定距离时，门锁从休眠状态自动激活，智能休眠，可节省电力。

🔒 **独立空间反锁** 可以在全家人都在家时，防止别人在外面开锁。

🔇 **夜晚静音** 可以设置静音开门操作模式，晚上不吵醒家人或邻居。

⚠️ **外出防入侵** 如有人暴力撬锁、开锁，则自动发出声音警报。

2 智能报警器

　　根据用途不同，智能报警器可分为智能烟雾报警器、智能燃气报警器、智能水浸探测报警器等。

　　这些智能报警器的工作原理基本相同，都是内置多种传感器，分别通过检测环境中烟雾浓度、燃气浓度、水浸水位等来起到防范危险发生的作用。同时，一旦检测到危险，智能报警器能通过信号灯、声音、手机提醒等方式进行报警，并通过发送照片或视频进行实时情况传输，用户可第一时间了解现场情况，判断是否误报，根据现场状况采取适当的措施。

　　智能报警器还可联动开启水阀、门窗、排风系统等，对发生的隐患进行及时处理，尽可能降低灾害发生的危险。

购买及
使用须知

（1）根据安装地点不同，选择不同功能的智能烟雾报警器。

使用地点	功能特点
厨房	可分辨厨房油烟、烧焦烟雾与火灾的区别
卫生间	可分辨浴室蒸汽与火灾的区别
客厅、卧室	兼具火灾、一氧化碳探测功能
车库	仅具有火灾探测功能即可

购买及
使用须知

（2）智能烟雾报警器的电池续航能力非常关键。因此，购买智能烟雾报警器可根据个人情况，有所取舍地选择。

（3）智能燃气报警器不能安装在易被油烟等直接熏着的位置及墙角、柜内等空气不易流通的位置。同时应该注意，在房屋未装修完成或粉尘较大时不宜安装。安装时周围不能有强电磁场，如微波炉、电磁炉等。

（4）智能燃气报警器报警后应立即切断危害气源、打开门窗、不得开启或关闭任何电器开关，不得摩擦任何产生静电的东西。同时，应立即向燃气部门报告，由专业人员进行检查处理。

（5）不要将智能水浸探测报警器放置在水已经浸没的地方或具有腐蚀性或强磁场的环境中，也不要将传感器放置在人员活动频繁的地方，防止踢走或遗失。

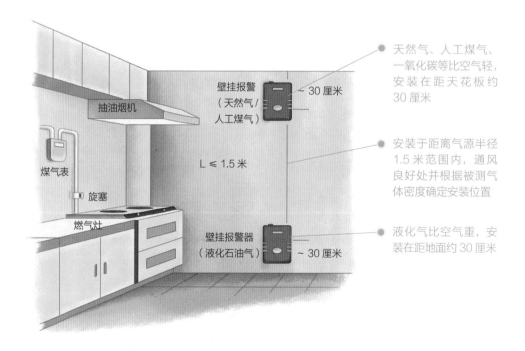

抽油烟机

煤气表

旋塞

燃气灶

壁挂报警
（天然气／
人工煤气）　～30 厘米

L ≤ 1.5 米

壁挂报警器
（液化石油气）　～30 厘米

天然气、人工煤气、一氧化碳等比空气轻，安装在距天花板约30 厘米

安装于距离气源半径1.5 米范围内，通风良好处并根据被测气体密度确定安装位置

液化气比空气重，安装在距地面约30 厘米

3 智能监控摄像头

智能监控摄像头是采用图像处理、模式识别和计算机视觉技术，借助计算机强大的数据处理能力过滤掉视频画面无用的或干扰信息、自动识别不同物体，分析抽取视频源中关键有用信息，判断监控画面中的异常情况，并以最快和最佳的方式发出警报或触发其他动作，从而有效进行监控的全自动、全天候、实时监控的智能设备。

主要功能

🛜 **远程监控** 将摄像头接入网络，用户即可通过移动终端随时随地进行监控。

⚠️ **智能报警** 配备警报器及触发联动功能，可与多种智能家居设备联动，确定异常情况后进行报警。

🔔 **自动开启门铃** 当访客按下门铃时，摄像头可以拍摄实时视频，并发送到业主的移动终端上，这时的摄像头就变成了智能门铃。

((•)) **红外夜视** 智能摄像头中装有嵌入式不可见红外灯，夜晚也可以清晰地看清拍摄范围内的事物。

📞 **双向语音通话** 智能摄像头还具有双向语音通话、单向视频通话功能，你可以通过摄像头及时询问家中状况，随时给家人贴心的陪伴。

4 智能无线安防系统

　　智能无线安防系统主要包括门禁、报警和监控三大部分，能够通过智能设备实现智能判断、智能报警及智能防御，摆脱传统安防系统对人的依赖，省心省力地实现固若金汤的安防。

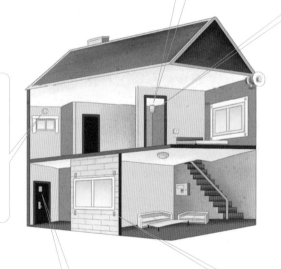

智能摄像头不仅能够无线控制查看，更能实现智能识别及记录

可通过灵敏的红外探测技术感知监测区域内的人体活动情况

屋外刮风下雨或屋内煤气泄漏时，系统会自动报警，智能检测设备会根据检测数据按照事先设计好的方案实施应急措施

门磁、窗磁能够发出异常警报

门禁系统包含指纹识别、声控识别、人脸识别等强大功能

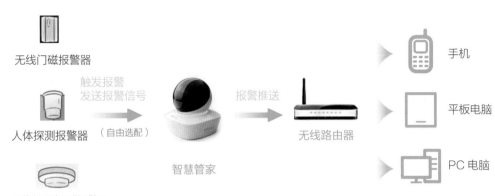

无线门磁报警器

触发报警
发送报警信号

人体探测报警器 （自由选配）

智慧管家

报警推送

无线路由器

手机

平板电脑

PC 电脑

无线烟雾探测报警器

小知识

红外探测器有哪几种?

广角红外探测器：普通广角红外探测器的警戒范围一般是以其透镜始点为起点，散发水平100~120度，垂直60度，长8~18米不等的圆锥形的探测区域。主要适用于室内防范。

幕帘红外探测器：幕帘红外探测器采用特殊菲涅尔透镜，从而形成超薄的红外探测区域，属于屏障式保护。适宜安装在窗前，只保护窗户，主人仍然可以在室内自由活动。

方向幕帘红外探测器：方向幕帘红外探测器在幕帘红外探测器的基础上增加了方向识别功能，人从某方向行走时不报警，从相反方向行走时才报警。例如：方向幕帘红外探测器安装在去阳台的门框上，当主人去阳台时，只要在设定的时间内（时间可以在探测器上设）从这扇门再返回来，探测器就不会报警。而但凡有人从阳台进来，探测器就会报警。

购买及
使用须知

（1）购买智能无线安防系统相关产品，系统可靠性要好、功能强大、扩展方便、集成度高、系统造价低及运行费用低。

（2）开门时注意撤防。如有友人来访，主人可以先撤防再开门。如果白天主人在家，可以不布防。

（3）当门磁电量不足时，门磁发射器上的指示灯会常亮，用户应及时更换新电池或取下门磁进行充电。

第四章

智能保健
私人健康
顾问

智能监护，贴心关怀全家

1 智能家用机器人

你还记得电影《超能陆战队》中胖嘟嘟的暖心机器人大白吗？你是否也想拥有一个无所不能的智能机器人呢？随着智能家居概念的深入，能高效处理家务的智能家庭机器人逐渐进入了人们的视野。它可以实现亲子教育、老人看护等功能，是个当之无愧的智能管家和智能助手。

主要功能

🖥 **智控家电** 智能机器人可以根据主人的语音指令控制已绑定的家电设备，做家庭的好管家。

🧍 **亲子教育** 智能机器人可以辅助儿童启蒙教育，为孩子讲述故事，解答问题，激发孩子的学习兴趣。

♿ **看护老人** 智能机器人可随时检查家中孤寡空巢老人的状态，进行安全看护。

☺ **娱乐互动** 智能机器人可以模仿人类各种动作，还能与用户互动聊天，打造娱乐氛围，为家人带来欢乐。与此同时，有的智能机器人还具有高清投影功能，用户可通过语音搜索电影大片，足不出户即可感受视听盛宴。

🔓 **智能巡防** 智能机器人可巡逻家中每个角落，用户可通过手机App，随时查看家中安全情况。

👍 **移动净化** 智能机器人可移动监控空气质量，边巡航边净化，为家人的健康保驾护航。

（1）目前智能机器人刚开始流行，成本相对较高，消费者应根据自己的需求和经济能力理性购买。

（2）消费者应根据自己家庭住房的大小及家居环境的复杂程度来选择合适尺寸的智能机器人，以防使用中造成不必要的麻烦和损失。

购买及
使用须知

2 智能血糖仪

血糖仪是一种主要针对糖尿病患者的测量血糖水平的电子仪器。智能血糖仪在传统血糖仪的基础上，更注重用户体验，在外形设计、屏幕显示以及数据管理等方面进行了改进，具有实时记录、实时查询、互助提醒、实时预警、提供在线医疗建议和指导等功能，还可自动记录和分析并形成图表，为用户提供更多便利和指导。

家人可通过手机实时了解到患者病情的变化。当患者忘记测量血糖或是血糖数据异常时，血糖仪和手机都会发出提醒，让监护人第一时间知晓。另外，智能血糖仪还可以实现饮食指导、运动指导、监测自查、病情自查等功能。

购买及
使用须知

（1）购买时应考虑血糖仪测量的准确度，机器是否经过认证、采血是否便利、仪器读数是否清晰、电池更换是否方便等。同时，还应了解血糖仪的保修期、保修项目及其他售后服务情况。

（2）跟血糖仪配套使用的还有检测试纸，也是需要后期持续购买的。因此在购买血糖仪时，不单要考虑仪器价格，还要考虑后期大量使用的试纸价格，以及试纸的供货情况。

（3）智能血糖仪是个高精度的仪器，使用前应仔细阅读使用说明，避免错误的操作程序、采血不当、试纸条的影响等对血糖仪的影响，从而保证测量结果的准确性。

（4）智能血糖仪要放置在干燥清洁处，定期进行清洁和保养，清除血渍、布屑、灰尘等。

（5）试纸条要保存在干燥阴凉的地方，不要触碰试纸条的测试区，注意试纸条的有效期。

3 智能心电图机

心电图检查是心血管疾病最基础的检查手段，而随时随地检查自己的心脏状态，无论是对担忧心脏健康的用户，或是心脏病患者，都有重要意义。

智能心电图机主要采用先进的生物体电传感技术，实现了小型化，并具备更强大的数据分析能力，让心电监测走进家庭，让数据分析更加权威，让心脏监护无处不在。智能心电图机具备数据记录、数据回放双重功能，能够全面监测心脏不适；配备智能读图软件，使用户轻松读懂心电图；有专业的心血管疾病服务网站，提供心电图专用云存储空间、医生专业解读心电图、全面的心血管疾病资讯、名院名医查询等服务。

智能心电图机应具备专业性、可靠性、稳定性、抗干扰性等特点，所以在选购时要注意是否符合国家各项认证，其各项功能是否满足使用要求等。

智慧家庭医疗，你的专属医生

　　智慧家庭医疗系统是智能家居大系统中的重要组成部分，用户平时能够通过仪器对身体各项指标进行不定期检测，将数据上传至云端进行处理，而系统也会将分析结果通过网络实时传给用户或其家人的移动终端，或者是另一端的医疗中心，为用户提供独立、健康、安全、方便、持续的人性化健康保健服务，实现远程求医问诊。我们可以将它形象地比作"私人家庭医生"，随时监测我们的身体状况，并对身体异常进行及时诊断和治疗，或给出合理的调整方案。智慧家庭医疗走进千家万户，必将改变我们的生活方式，让"被动健康"变为"主动健康"。

1 预约挂号

去医院看病可能是大家最不愿面对的痛苦经历，挂号难、排队时间长、化验项目繁多，这些客观因素给患者在病痛之外又带来诸多不便。预约挂号的实现，让这些难题迎刃而解。

您只要拨打电话或者手机应用软件轻轻一点，就可实现随时随地进行预约挂号。预约成功后，只需在规定时间内，凭就诊序号到医院挂号窗口取号并缴纳挂号费即可，再也不用花费大量时间和精力排队挂号，也避免了患者因排队挂号带来的病情延误。

- 电话预约：拨打电话114，选择预约挂号人工服务。
- 微信预约：添加114预约挂号公众服务号。
- 支付宝预约：进入"城市服务–医疗"界面，点击"挂号就诊"即可。
- 网上预约：部分地区（如北京、浙江及南京等地区）已开通网上预约挂号服务平台。
- 银医服务：部分银行（如中国工商银商、中国建设银行及中国农业银行等银行）开通了银医服务功能，用户可登录个人网上银行进行预约挂号。

小知识

预约挂号步骤　🔍

预约挂号证件：第二代身份证或医保卡。
预约挂号步骤：（1）查找预约医院，进入医院"预约挂号"页面，选择就诊科室。
　　　　　　　（2）根据页面显示医生介绍及剩余号源数量，选择医生。
　　　　　　　（3）确定就诊时间。
　　　　　　　（4）按要求输入就诊人姓名、医保卡号和手机号。

2 远程问诊

在过去相当长一段时间，人们看病需要先到医院排队、挂号，然后经过较长时间的等待才能面对面和医生进行交谈、咨询。这种传统的医疗模式不仅会耗费患者大量的时间和精力，同时也浪费了医疗资源，降低了工作效率。伴随着远程问诊新型医疗模式的兴起，传统医疗这一形式正在发生着巨大的改变。

"远程问诊"是依托互联网信息平台优势，整合线下医疗资源，并融合传统医疗模式发展而探索出来的一种新型医疗模式。远程问诊可以将医生与患者形成一对一的交流关系，延长问诊时间，能切实帮助老百姓缓解看病难、看病贵的难题，降低医患纠纷。

目前，国内已有一些平台汇集了全国顶尖的影像学专家及全国各大医院的临床专家，全国数千家县级医院的医生可以通过移动设备发起问诊申请，帮助基层患者收集上传病历、影像学源文件及各项检验报告数据，专家可随时随地在平台移动端上给出咨询意见，操作非常便捷。

3 家庭医生

家庭医生，即私人医生，是对服务对象实行全面的、连续的、有效的、及时的和个性化医疗保健服务和照顾的新型医生。

家庭医生具有全面系统的预防、保健、医疗、康复知识，较强语言表达能力、人际沟通能力、工作协调能力，能提供及时、有效的服务，对工作认真负责，是新型医疗顾问和健康管理者。家庭医生以家庭医疗保健服务为主要任务，提供个性化的预防、保健、治疗、康复、健康教育服务和指导，使您足不出户就能解决日常健康问题和保健需求，得到家庭治疗和家庭康复护理等服务。

与欧美等国以提供上门个性化服务为主的"私人医生"不同，中国的家庭医生一般由社区卫生服务中心、乡镇卫生院的医生或乡村医生担任。医生和居民签约，形成"一对一"的定向服务关系，为签约对象提供个性化的保健、健康教育和指导等。

上海是中国率先开展家庭医生改革的试点地区之一，并将进一步发展社区卫生服务,逐步构建有序诊疗,签约对象预约优先就诊,逐步引导居民优先利用家庭医生诊疗服务等。在北京,"家庭医生"更是赶起了时髦。由阿里健康推出的"家庭医生"服务,借助互联网整合北京市现有的社区医院医疗资源,将社区医生与社区里的居民连接起来,实现了"互联网+医疗"的有益实践。居民遇到问题的时候只要拿起手机,就可以实现与医生的实时互动。